Bibliografische Information der Deutschen Nationalbibliothek:

Die Deutsche Bibliothek verzeichnet diese Publikation in der Deutschen National-
bibliografie; detaillierte bibliografische Daten sind im Internet über http://dnb.d-
nb.de/ abrufbar.

Impressum:

Copyright © 2016 GRIN Verlag, Open Publishing GmbH
Druck und Bindung: Books on Demand GmbH, Norderstedt Germany
ISBN: 9783668361997

Dieses Buch bei GRIN:

http://www.grin.com/de/e-book/346633/herz-kreislauf-erkrankungen-aus-ernaeh-
rungsmedizinischer-sicht

Sven-David Müller

Herz- Kreislauf-Erkrankungen aus ernährungsmedizinischer Sicht

Herzinfarkt und Schlaganfall durch Ernährungstherapie vorbeugen

GRIN Verlag

Herz- und Kreislauferkrankungen aus ernährungsmedizinischer Sicht

Stellenwert der Ernährungstherapie bei kardiovaskulären Ereignissen

von Sven-David Müller, MSc.

Noch immer sind die Herz-Kreislauferkrankungen die führende Todesursache in Deutschland (22) und den meisten anderen westlichen Industrienationen. Hierzulande verursachen Herz-Kreislauferkrankungen insgesamt rund 40 Prozent der Sterbefälle. Neben dem Leid der Betroffenen und ihrer Familien sind damit natürlich auch erhebliche Krankheitsfolgen verbunden es werden hohe Kosten verursacht. Gerade die Naturheilkunde bietet – und das nicht nur in der Diätetik - Ernährungstherapie – eine Vielzahl von Möglichkeiten, Herz-Kreislauferkrankungen vorzubeugen oder Bestandteil einer sinnvollen Therapiekonzepts zu werden. Bei den Herz-Kreislauferkrankungen haben neben der Arteriosklerose insbesondere der Herzinfarkt und der Schlaganfall eine besondere Bedeutung. Nicht zuletzt geht den meisten Herz-Kreislauferkrankungen das Metabolische Syndrom voraus. Die wichtigsten beeinflussbaren Risikofaktoren für Herz-Kreislauf-Erkrankungen sind kardiometabolische Erkrankungen wie Hypertonie, Diabetes mellitus, Fettstoffwechselstörungen und Adipositas sowie gesundheitsbeeinträchtigende Verhaltensweisen wie Rauchen, körperliche Inaktivität und ungesunde Ernährung. Die vorgenannten Risikofaktoren können im Gegensatz zur genetischen Prädisposition durch einen gesunden Ess- und Lebensstil beeinflusst werden. Dabei darf aber nicht vergessen werden, dass gerade die Risikogruppen in der Regel eben nicht dazu neigen. Daher ist in der Regel zusätzlich ein leitliniengerechten Therapieregime wichtig, das durch naturheilkundliche Maßnahmen ergänzt wird. In der Prophylaxe und Therapie von Herz- und Kreislauferkrankungen können die schulmedizinischen und naturheilkundlichen Teams kongenial kooperieren. Die betroffenen Patienten sind dazu oftmals bereit, während es bei den Therapeuten noch immer Vorbehalte gibt. Diese Vorbehalte müssen ausgeräumt werden, um den Patienten die optimale Prophylaxe und Therapie geben zu können.

Das Präventionspotential bei Herz- und Kreislauferkrankungen ist immens. Gerade in der Ernährungstherapie stecken viele Möglichkeiten, die in der Regel auch bestens durch Studien belegt sind. Hauptproblem ist die „Übergewichts-Epidemie" in Deutschland. Doch gerade hier gibt es in der Schulmedizin und auch der Naturheilkunde größte Probleme. Der richtige Ansatz zur Änderung der Gewichtsentwicklung in Deutschland ist bisher nicht gefunden. Und das obwohl sich die Ernährung bei vielen Menschen bereits verändert hat. Der Trend zum Vegetarismus, natürlicher Kost (Stichwort Frutarier) sowie ökologischem Anbau hält an und trotzdem werden immer mehr Menschen dick und dicker. Trotz aller Ernährungs- und Diättrends zeigen Studien sowie Untersuchungen nicht, dass sich die Ernährungsweise durchschnittlich positiv verändert oder akute und chronische Erkrankungen, die damit im Zusammenhang stehen, seltener werden. Übergewicht und Fettsucht (Adipositas) haben sich inzwischen weltweit – auch in den Zwei- und sogar in den Drittweltländern - durch die Fehl- oder Überernährung sowie die Nutzung der neuen Medien und den dadurch gegebenen Bewegungsmangel auf dem Boden einer genetischen Prädisposition zu einer globalen Epidemie entwickelt. Studien zeigen, dass der Bewegungsmangel einer der Hauptfaktoren in der Auslösung einer positiven Energiebilanz sind, die die Körperfettmasse anschwellen lassen. Zudem gibt es immer wieder Hinweis darauf, dass bei Übergewichtigen und Adipösen Verschiebungen der Darmflora gegeben sind. Hier könnte in der Naturheilkunde ein neues Feld aufgetan werden, wobei es wichtig ist, die Zusammenhänge und die therapeutischen Maßnahmen zu analysieren. Zudem darf der Effekt der Fettzellen, die außerordentlich „hormonaktiv" sind, nicht außer Acht gelassen werden. Zudem stellt eine übermäßige Körperfettansammlung immer auch ein entzündliches Potential dar

Weltweit sind nach Angaben der WHO und der Vereinten Nationen 805 Millionen Menschen untergewichtig und mangelernährt. Die Zahl der Menschen, die zu schwer sind, liegt weitaus höher. Weltweit sind 2300 Millionen Menschen übergewichtig und 700 Millionen Menschen fettsüchtig. Damit steht den mangelernährten in den Entwicklungsländern fast die gleiche Anzahl krankhaft Übergewichtiger Menschen gegenüber. Insgesamt sind also mindestens 3 Milliarden Menschen weltweit fehlernährt und haben ein Untergewicht, das als ungesund zu bezeichnen ist. Und täglich werden die Dicken und Fetten dicker und fetter und es werden zudem immer mehr. Übergewicht und Adipositas sind weltweit also zum wohl größten

Gesundheitsproblem geworden. Ein erhöhter Body-Mass-Index zählt zu den Hauptrisikofaktoren für frühzeitige Todesfälle. Im Jahre 2010 wurden 2 bis 8 Millionen Todesfälle durch einen erhöhten BMI weltweit verursacht.

Risiko für Begleit- und Folgeerkrankungen nach der Welt- Gesundheitsorganisation (WHO 2008)

Kategorie	BMI	Risiko für Begleiterkrankungen
Untergewicht	< 18,5	Niedrig
Normalgewicht	18,5 – 24,9	Durchschnittlich
Übergewicht	≥ 25,0	
Präadipositas	25 – 29,9	Gering erhöht
Adipositas Grad I	30 - 34,9	Erhöht
Adipositas Grad II	35 – 39,9	Hoch
Adipositas Grad III	≥ 40	Sehr hoch

Als eine Hauptursache für Übergewicht und Adipositas gilt ein Überangebot oder eine Überversorgung mit sehr energiereichen und nährstoffarmen Lebensmitteln (Fast Food) und Getränken (zuckergesüßte Softdrinks, bestimmte Alkoholika). Besonders bedrohlich ist die Tatsache, dass auch die Prävalenz für Übergewicht und Adipositas im Kindesalter in den letzten Jahren weltweit deutlich angestiegen ist. Diese dramatische Situation trifft leider auch für Deutschland zu. Gerade bei Kindern und Jugendlichen sind alle im Gesundheitswesen gefordert, Hilfen anzubieten und der Entwicklung Einhalt zu gebieten. Leider sind die Politik und die Krankenversicherungen scheinbar nicht in der Lage, Maßnahmen zu unterstützten oder zu initieren, die effektiv und kostengünstig sind und diese Probleme lösen helfen. Weltweit gesehen sind folgende Maßnahmen am wichtigsten in der Beherrschung der Übergewichtsproblematik (laut WHO):

- Einschränkungen/Beschränkungen betreffend das Marketing von „ungesunden" Kinderlebensmitteln
- Regelungen hinsichtlich der Nährstoffqualität und Verfügbarkeit von Lebensmitteln in Schulen

- optimale/optimierte Nährwertkennzeichnung

- Steuern auf mit Zucker gesüßte Getränke

- Kampagnen in Massenmedien

- zur Verfügung stellen von finanziellen Motivationen um die Lebensmittelqualität zu
verbessern

In der Naturheilkunde schlummern sehr viele verschiedene Möglichkeiten, die die
Entstehung von Übergewicht verhindern können. Dazu gehören natürlich die Maßnahmen
nach Kneipp und auch sinnvoll durchgeführte Ernährungstherapien, die darin gipfeln, dass
die Patienten sich dauerhaft besser ernähren.

In der Bundesrepublik Deutschland, die ohne Zweifel bezüglich der
Körpergewichtsentwicklung zunehmend auch den Namen Bundesrepublik Dickland tragen
kann, sind zwei Drittel der Männer (67 %) und die Hälfte der Frauen (53 %) übergewichtig.
Ein Viertel der Erwachsenen (23 % der Männer und 24 % der Frauen) ist fettsüchtig (adipös).
Die Prävalenz von Adipositas hat in den letzten zwei Dekaden weiterhin zugenommen,
besonders bei Männern und im jungen Erwachsenenalter. In Deutschland sind 1,1 Millionen
Kinder und Jugendliche übergewichtig und zusätzlich 800.000 fettsüchtig. Insgesamt leben in
Deutschland also fast zwei Millionen Kinder und Jugendliche, die zu schwer sind. Der
Bundesrepublik Dickland blüht also eine fette Zukunft.

Im Mai 2013 wurde der „WHO Global Action Plan zur Prävention und Kontrolle von nicht-
übertragbaren Erkrankungen" publiziert. Er beinhaltet erstmals auch spezifische Ziele um
den dramatischen Anstieg von Übergewicht, Adipositas sowie Folgeerkrankungen
anzuhalten. Ohne Gesetze und Regulationen die Lebensmittelindustrie betreffend kann es
allerdings zu keiner Verbesserung von Gesundheit und Lebensmittelqualität kommen. Eine
Verminderung der Übergewichts- und Adipositashäufigkeit würde zu einem
einschneidenden Ergebnis in der Häufigkeit von Herz-Kreislauf-Erkrankungen beitragen.
Neben der Körperfettmenge kommt aber auch den Serumlipiden eine große Bedeutung bei
der Prophylaxe und Therapie von Herz-Kreislauf-Erkrankungen zu. Ein niedriges HDL bei

erhöhtem LDL und Triglyzeriden scheint mit einem besonders hohen besonders hohen Erkrankungsrisiko verbunden zu sein. Seit Jahrzehnten ist bekannt, dass mehrfach ungesättigte Fettsäuren die Blutlipide gesundheitsförderlich beeinflussen können. Demgegenüber ist gesichert, dass einige gesättigte Fettsäuren nicht nur das LDL erhöhen, sondern auch das Herz-Kreislauferkrankungsrisiko erhöhen. Wichtig ist auch, dass es keinen Grund gibt, Menschen zu einer cholesterinarmen Ernährungsweise zu raten. Dies führt nicht zu einer Risikominimierung und daher muss auch vom Frühstücksei nicht mehr abgeraten werden. Dies ist aber bei den Transfettsäuren wichtig. Die gehören bezüglich des Risikos für Erkrankungen zu den schädlichsten Fettbestandteilen überhaupt.

Transfettsäuren schädigen die Gesundheit deutlich mehr als gesättigte Fettsäuren. Nach Aussagen des Bundesinstituts für Risikobewertung (BfR) in Berlin zählen sie aus ernährungsphysiologischer Sicht zu den unerwünschten Bestandteilen unserer Nahrung (1). Alle nationalen und internationalen Fachgesellschaften sowie Organisationen bestätigen die schädliche Wirkung von Transfettsäuren natürlicher (ruminanter – die Bezeichnung stamm vom Wort Rumen (= Pansen) ab. Bei der Kuh finden im Rumen durch Bakterien chemische Vorgänge statt, die zur Bildung von Transfettsäuren führen) und industrieller Herkunft. Vor diesem Hintergrund ist die Empfehlung auf fettreiche Rinderprodukte (von fettem Rindfleisch bis zu Sahne und Butter) zu verzichten wichtig. Diese Empfehlung gehört gleichzeitig zu den wichtigen bei der Krebsvermeidung, da „rotes Fleisch" gemieden werden sollte. Der Großteil der in Deutschland aufgenommenen Transfettsäuren stammt aus Butter, Sahne, fettem Käse und anderen Wiederkäuer-Produkten wie Rindfleisch. Bundesweit liegt die Transfettsäure-Aufnahme erfreulicherweise noch leicht unterhalb des Grenzwertes (1, 13). Insbesondere junge Männer und Menschen, die reichlich Butter und/oder Fast Food sowie Gebäck essen, nehmen demgegenüber gefährlich viele Transfettsäuren auf (2, 13). Eine aktuelle Studie zeigt, dass Margarine (0,28 bis 0,81g/100g, (2)) deutlich weniger Transfettsäuren enthält als Butter (1,98 bis 3,1g/100g, (2)). Da in der Margarine-Industrie heute keine teilgehärten Fette mehr vorkommen, ist ein Transfettsäureproblem bei Margarine nicht mehr gegeben.

Vorkommen ruminanter (natürlicher) Transfettsäuren:

Butter, Butterschmalz, Sahne, Milch und Milchprodukte wie Käse, Fleisch und andere Produkte von Rind, Lamm, Ziege sowie Hirsch.

Die Europäische Behörde für Lebensmittelsicherheit (EFSA, 4 und 5), das Bundesinstitut für Risikobewertung (1), das U.S. Department of Health und Human Services/U.S. Department of Agriculture (6), die Deutsche Gesellschaft für Ernährung (3) und andere Organisationen wie das Scientific Advisory Committee on Nutrition (7) machen ausdrücklich keinen Unterschied zwischen ruminanten und nicht-ruminanten (diese entstehen bei der industriellen Lebensmittelproduktion, in der Außerhausverpflegung beispielsweise beim Frittieren und Zuhause beispielsweise durch extremes Erhitzen von Fetten) Transfettsäuren. Zudem ist es praktisch nicht möglich, zwischen Transfettsäuren aus natürlichen Quellen und solchen, die bei der Lebensmittelherstellung entstehen, zu unterscheiden (11). Transfettsäuren, ganz egal welcher Herkunft, sind gefährlich für die Gesundheit, und die Aufnahme muss deshalb unbedingt minimiert werden.

In verschiedenen Studien konnte gezeigt werden, dass in Zimt sekundäre Pflanzenstoffe stecken, die in der Lage sind, die Glucosehomöostase zu beeinflussen. Zudem senken sie das LDL und die Triglyzeride.

In pflanzlichen Produkten, wie Pflanzenölen oder Margarineprodukten, wurden Transfettsäuren in den letzten 20 Jahren durch technische Fortschritte in der Ölraffination, aber auch durch Weiterentwicklung der jeweiligen Rezepturen extrem reduziert. Die meisten dieser gefährlichen Transfettsäuren kommen heute in großer Menge in tierischen Lebensmitteln vor (15). Schon 30g Butter und drei Scheiben fetter Käse enthalten 4g gesundheitsgefährdende Transfettsäuren. Die gleiche Menge Haushaltsmargarine und drei Scheiben magerer Käse enthalten weniger als 1g Transfettsäuren. Weltweit besteht Einigkeit darin, dass Transfettsäuren in möglichst geringer Menge, in jedem Falle aber weniger als 2 Energieprozent, aufgenommen werden sollten. Bei einem durchschnittlichen täglichen

Energiebedarf von 2.000 Kilokalorien entspricht das maximal 2,2g Transfettsäuren pro Tag. Und die stecken schon in zwei Butterbrötchen morgens, in einer kleinen Portion Pommes Frites mittags und einem Butterbrot abends. Würde anstatt Butter Margarine verzehrt, läge die Transfettsäurenmenge bei weniger als 1,5g. Das belastet das Herz-Kreislauf-System deutlich weniger, und pflanzliche Margarine enthält zudem im Vergleich zu Butter mehr lebenswichtige Fettsäuren, mehrfach ungesättigte Fettsäuren und Omega-3-Fettsäuren. Man kann daher behaupten, dass in Margarine einfach mehr Gesundheit steckt als in Butter. Darüber hinaus enthält Butter zusätzlich auch noch Cholesterin, Milchzucker (Laktose) und Milcheiweiß. Sie hat somit ein nicht zu vernachlässigendes Allergiepotenzial und ist kein geeignetes Lebensmittel für Laktoseintolerante. Der Trend zu einer vegetarischen Ernährungsweise ist zu fördern, da dadurch viele Erkrankungen vermieden werden könnten.

In sekundären Pflanzenstoffen stecken viele Möglichkeiten der Gesundheitsförderung. Heidelbeer-Anthocyane sind beispielsweise in der Lage den Gesamtcholesterinspiegel um bis zu 12 Prozent zu senken. Die Studien-Dosis lag bei 2.500 mg.

Interventationsstudien mit Transfettsäuren ruminanten Ursprungs zeigen vergleichbare Effekte auf den Cholesterin- und Triglyzeridspiegel wie industrielle Transfettsäuren. Zu diesem Ergebnis kommen auch die Analysen von sechs Studien mit ruminanten (natürlichen) Transfettsäuren und 17 Studien mit konjugierten Linolsäuren, die ebenfalls zur Gruppe der Transfettsäuren gehören (1). Sie senken das sogenannte gute Cholesterin (HDL, (8)) und erhöhen das sogenannte schlechte Cholesterin (LDL, (21)). Eine Vielzahl von Studien zeigt die Gefahren, die in ruminanten Transfettsäuren stecken: Beispielsweise konnte nachgewiesen werden, dass natürliche Transfettsäuren die Triglyzeride erhöhen (8, 10). In einer anderen Studie kam es unter einer „Butter-Diät" zu einem deutlichen Anstieg des schlechten Cholesterins (LDL, (9)) im Vergleich zu einer „Margarine-Diät". Die EFSA kam in der Überprüfung der gesundheitlichen Auswirkungen von Transfettsäuren zu dem Ergebnis, dass Transfettsäuren – egal welcher Provenienz – das LDL und die Triglyzeride stärker als gesättigte Fettsäuren erhöhen sowie das HDL senken und damit auch das Risiko einer koronaren Herzkrankheit (KHK) steigern (11). Wissenschaftler konnten zeigen, dass das

Gesundheitsrisiko mit der Aufnahmemenge ruminanter Transfettsäuren steigt (20). Aktuelle Studien weisen zudem ein erhöhtes Krebsrisiko durch Transfettsäuren nach (14). Wieder andere Studien beweisen, dass die Verminderung der Aufnahme von ruminanten Transfettsäuren mit entscheidenden Gesundheitsvorteilen einhergeht (16).

Die Food and Drug Administration (FDA) beantwortet die Frage, ob Butter oder Margarine besser sei, mit der Aussage, dass Butter mehr gesättigte Fettsäuren und Transfettsäuren enthält als pflanzliche Margarine und daher vorzugsweise Margarine verwendet werden sollte (12). Ob eine spezielle Transfettsäure beispielsweise im Pansen von Rindern entsteht oder in der Fritteuse, ist irrelevant, denn beide schädigen die Gesundheit gleichermaßen. Und selbst wenn es einzelne ruminante oder industrielle Transfettsäuren gibt, die positive Auswirkungen auf die Gesundheit haben, lässt sich daraus sicher keine Empfehlung ableiten, diese zu verzehren, da in allen Lebensmitteln und Speisen nicht einzelne, sondern eine Mischung verschiedener Transfettsäuren vorkommen. Im Vergleich könnte man auch den täglichen Konsum von einem großen Glas Wodka empfehlen, weil Wodka eine gesundheitsförderliche Substanz enthält. In der Summe wäre dies aber selbstverständlich kontraproduktiv. Dahinter das Risiko von Sucht und schädigender Wirkung des Alkohols zu verbergen, wäre töricht, gefährlich und nur auf den Wunsch, mehr Wodka zu vermarkten, zurückzuführen. Der Verbraucher darf nicht mehr mit irreführenden Aussagen über Butter und andere transfettsäurereiche tierische Lebensmittel hinter das Licht geführt werden, denn für ihn geht es um sein Wohlbefinden, eine ausgewogene und gesunde Ernährung und nicht um wirtschaftliche Interessen. Festzuhalten bleibt, dass die aktuelle von Sven-David Müller beim LUFA-ITL Institut in Kiel beauftragte Transfettsäure-Studie ergibt, dass Butter einen sehr viel höheren Transfettsäuregehalt als pflanzliche Margarine- bzw. Ölprodukte aufweist. Vor diesem Hintergrund lässt sich wieder nur die Aussage ableiten, dass es gesünder ist, Margarine zu essen – und nicht Butter. Viele Studien zeigen, dass die Verwendung von Margarine anstatt von Butter die Blutfette und/oder das kardiovaskuläre Risiko deutlich reduzieren kann (17, 18).

Die „Butterlobby" treibt es zu erstaunlichen Blüten, wenn beispielsweise behauptet wird, dass bestimmte Buttersorten reich an Omega-3-Fettsäuren seien. Der absolute Gehalt an Omega-3 in Butter ist aber so gering, dass Butter nicht entscheidend zur Bedarfsdeckung beitragen kann; jede pflanzliche Margarine und reines Rapsöl enthalten deutlich mehr Omega-3-Fettsäuren. Man müsste rund 100g Butter täglich verzehren und würde seinen Körper dann mit bis zu 3,1g Transfettsäuren belasten. Das ist gefährlich viel! Selbst Weidemilchbutter aus Irland enthält keine großen Mengen an diesen gesundheitsförderlichen Fettsäuren. Das „Omega-3-Märchen" der Weidemilchbutter ist falsch und muss in „Irr"-Land verfasst worden sein,! In einer hochwertigen Diätmargarine steckt sogar fast fünfmal so viel Omega-3 wie in irischer Butter, die leider relativ reich an Transfettsäuren ist. Festzuhalten bleibt, dass Butter arm an Omega-3-Fettsäuren und anderen gesunden Fetten ist, aber reich an Transfettsäuren (2). Margarine trägt dagegen entscheidend zur Omega-3-Bedarfsdeckung in der täglichen Ernährung bei. Einerseits sollte zur Beeinflussung der Blutfette die Aufnahme von Omega-3-Fettsäuren aus Raps-, Lein- und Walnussöl erhöht werden und andererseits aus bestimmten Fischen oder Algen. Dabei ist es wichtig, dass diese nicht aus industrieller Monokultur stammen. Der Omega-3-Fettsäurengehalt von wildem Lachs ist ungleich höher als der von Zuchtlachs.

Eine aktuelle Untersuchung des Transfettsäurengehalts von 19 Streichfetten zeigt, dass Butter reichlich und Margarine wenig Transfettsäuren enthält. Inzwischen gibt es vegane Margarine und wer das Produkt ablehnt, kann auch auf Mus aus Nüssen oder Samen zurückgreifen beziehungsweise Öle zurückgreifen. Für eine Ernährungsweise, die Herz-Kreislauferkrankungen vorbeugen, Ist es empfehlenswert, hochwertige pflanzliche Fette, wie sie in Nüssen (insbesondere Walnüsse), Pistazien, Mandeln, Samen, Ölen (insbesondere Raps-, Lein- oder Walnussöl), Fischöl aus Wildlachs, bestimmten Meeresalgen, Makrele und Hering sowie in handelsüblicher pflanzlicher Margarine stecken, zu empfehlen. Zudem ist es wichtig, jeden Tag mindestens 5 Portionen Frischobst und Gemüse (roh und gekocht) aufzunehmen. Die World Health Organization (WHO) hat jüngst mit einem Bulletin weltweit für Aufregung gesorgt, das sich mit der Aufnahme gesättigter Fettsäuren beispielsweise aus Butter und ihren Zusammenhang mit den Herz-Gefäß-Krankheiten beschäftigt (19). Die Vorteile einer pflanzenorientierten Lebensweise sind weltweit anerkannt, und die Zahl der Menschen, die sich vegetarisch umorientiert, nimmt stetig zu. Margarine liegt voll im Veggie-Trend, und natürlich gibt es auch vegane Margarine. Butter dagegen ist ein durch und durch tierisches Produkt. Die Wahl der richtigen Ernährungsweise beeinflusst die Blutlipide und auch den Blutdruck.

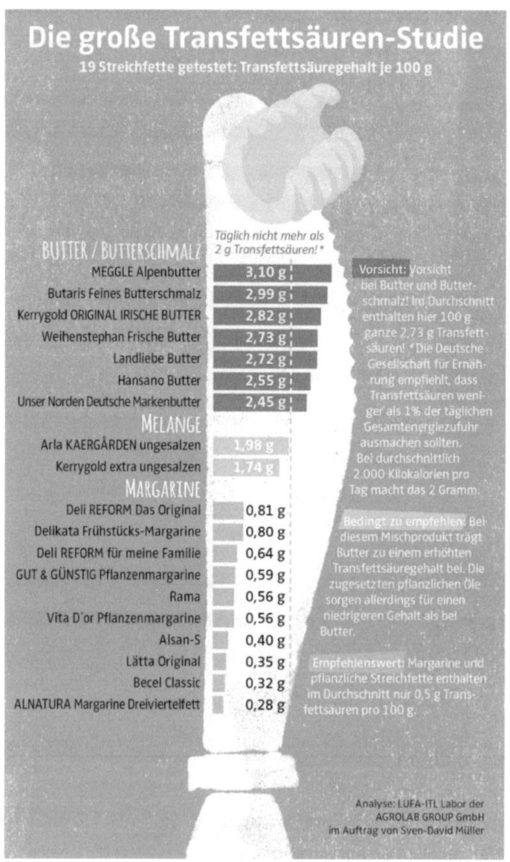

Bis zu 30 Millionen Menschen in Deutschland stehen unter Druck, denn sie leiden unter Bluthochdruck (Hypertonie). Damit ist der erhöhte Blutdruck die häufigste chronische Krankheit. Und der Blutdruck ist heimtückisch, da die meisten Menschen davon nichts bemerken. Hypertonie ist der Risikofaktor Nummer 1 für Herz-Kreislauf-Erkrankungen und sie führt häufig zum Schlaganfall und Herzinfarkt. Damit ist die Erhöhung des Blutdrucks für die meisten Todesfälle in Deutschland (mit)verantwortlich.

Der Schlaganfall ist weltweit die zweithäufigste Todesursache. In Deutschland erleiden rund 150.000 Menschen jährlich einen Schlaganfall und es kommt zu zusätzlich 15.000 Rezidiven. Der Ernährungsmedizin und der Ernährungstherapie kommt eine große Bedeutung in der Prophylaxe zu. Diese widerspiegelt sich kaum in den medizinischen Leitlinien (u. a. 3 und 4). Ernährungsmedizin und Diätetik haben in der Schulmedizin in Deutschland insgesamt eine untergeordnete Bedeutung. Die Pharmakotherapie spielt auch hier eine übertriebene Rolle. In jedem Falle lassen sich verschiedene der Risikofaktoren für einen Insult sind ernährungs(mit)bedingt. Dazu gehören insbesondere Hypertonie, Diabetes mellitus Typ 2 und Fettstoffwechselstörungen.

Eine unbehandelte oder unzureichend eingestellte Hypertonie stellt einen extremen Risikofaktor für einen Insult dar. Das gilt auch für das metabolische Syndrom mit pathologischer Glukosetoleranz oder Diabetes mellitus vom Typ 2 und Fettstoffwechselstörungen – insbesondere eine Dyslipidämie mit niedrigem HDL-Spiegel und erhöhtem LDL-Spiegel. Auch die Hypertriglyzeridämie ist als Risikofaktor anzusehen. Nach Angaben des Robert Koch Institutes leiden 29,9 Prozent der Frauen und 33,3 Prozent der Männer unter einer Erhöhung des Blutdrucks. Besonders häufig leiden ältere Menschen an Bluthochdruck. Die Forscher des Robert Koch Institutes haben bei mehr als 75 Prozent der über 70 Jahre alten Menschen erhöhte Blutdruckwerte diagnostiziert. Die Hypertonie ist gefährlich, denn sie verursacht mehr als 50 Prozent der Schlaganfälle. Durch einen gesundheitsbewussten Ernährungs- und Lebensstil ist es möglich, Herz-Kreislauf-Erkrankungen vorzubeugen oder entscheidend in die Therapie einzugreifen. Die Bedeutung der Ernährungstherapie zu fördern erscheint vor dem Hintergrund der prophylaktischen und therapeutischen besonders wichtig. Eine kalorisch angepasst Ernährungsweise, die vegetarisch orientiert ist, auf gesunde Fettsäuren setzt und Transfettsäuren minimiert, steht im Mittelpunkt der Ernährungsmaßnahmen.

Autor:

Sven-David Müller, Master of Science in Applied Nutritional Medicine (Angewandte Ernährungsmedizin)

Staatlich anerkannter Diätassistent und Diabetesberater der Deutschen Diabetes Gesellschaft (DDG)

1. Vorsitzender des Deutschen Kompetenzzentrum Gesundheitsförderung und Diätetik e.V.

Heinersdorfer Straße 38

12209 Berlin-Lichterfelde

www.svendavidmueller.de

www.dkgd.de

sdm@svendavidmueller.de

Literatur/Quellen:

Diätetik und Ernährungsberatung, Hrsg. Eva Lückerath und Sven-David Müller, Haug Verlag Stuttgart, 2014

Berufs- und Beratungspraxis für Diätassistenten und Ernährungswissenschaftler, Hrsg. Sven-David Müller und Kathrin Pfefferkorn, Mainz Verlag Aachen, 2015

(1):

http://www.bfr.bund.de/cm/343/trans_fettsaeuren_sind_in_der_ernaehrung_unerwuenscht_zu_viel_fett_auch.pdf

(2): Die große Transfettsäure Studie, Kühe würden Margarine kaufen, Sven-David Müller, Schlütersche Verlagsgesellschaft, Hannover, S 35-53, 2015

(3): https://www.dge.de/wissenschaft/leitlinien/leitlinie-fett/

(4): http://www.efsa.europa.eu/de/press/news/nda040831.htm

(5): http://www.efsa.europa.eu/de/efsajournal/pub/1461.htm

(6): http://www.cnpp.usda.gov/sites/default/files/nutrition_insights_uploads/Insight44.pdf

(7):

https://www.gov.uk/government/uploads/system/uploads/attachment_data/file/339359/S
ACN_Update_on_Trans_Fatty_Acids_2007.pdf

(8): http://www.ncbi.nlm.nih.gov/pubmed/9470169

(9): http://www.ncbi.nlm.nih.gov/pubmed/8445333

(10): http://www.ncbi.nlm.nih.gov/pubmed/9470169

(11): http://www.efsa.europa.eu/de/efsajournal/doc/81.pdf

(12):

https://web.archive.org/web/20080413055109/http://vm.cfsan.fda.gov/~dms/qatrans.html

(13): http://www.bmel.de/SharedDocs/Pressemitteilungen/2012/184-Leitlinien-zur-
Minimierung-von-Transfettsaeuren.html

(14): http://www.ncbi.nlm.nih.gov/pubmed/22821174

(15): http://www.ncbi.nlm.nih.gov/pubmed/9149659

(16): http://www.ncbi.nlm.nih.gov/pubmed/11253967

(17): http://www.ncbi.nlm.nih.gov/pubmed/8616303

(18): http://www.ncbi.nlm.nih.gov/pubmed/9771853

(19): http://www.who.int/bulletin/volumes/86/7/08-053728/en/

(20): http://www.ncbi.nlm.nih.gov/pubmed/18326596

(21): http://www.ncbi.nlm.nih.gov/pubmed/20209147

(22): 1)

      http://www.rki.de/DE/Content/Gesundheitsmonitoring/Themen/Chronische_Erkrank
ungen/HKK/HKK_node.html, 20. Mai 2015, 9.35 Uhr